Bibliografische Information der Deutschen Nationalbibliothek:

Die Deutsche Bibliothek verzeichnet diese Publikation in der Deutschen National-
bibliografie; detaillierte bibliografische Daten sind im Internet über http://dnb.d-
nb.de/ abrufbar.

Dieses Werk sowie alle darin enthaltenen einzelnen Beiträge und Abbildungen
sind urheberrechtlich geschützt. Jede Verwertung, die nicht ausdrücklich vom
Urheberrechtsschutz zugelassen ist, bedarf der vorherigen Zustimmung des Verla-
ges. Das gilt insbesondere für Vervielfältigungen, Bearbeitungen, Übersetzungen,
Mikroverfilmungen, Auswertungen durch Datenbanken und für die Einspeicherung
und Verarbeitung in elektronische Systeme. Alle Rechte, auch die des auszugsweisen
Nachdrucks, der fotomechanischen Wiedergabe (einschließlich Mikrokopie) sowie
der Auswertung durch Datenbanken oder ähnliche Einrichtungen, vorbehalten.

Impressum:

Copyright © 1999 GRIN Verlag, Open Publishing GmbH
Druck und Bindung: Books on Demand GmbH, Norderstedt Germany
ISBN: 9783640581733

Dieses Buch bei GRIN:

http://www.grin.com/de/e-book/147352/missverhaeltnis-von-objektiven-und-sub-
jektiven-wahrscheinlichkeiten

Gerrit Stäbe

Missverhältnis von objektiven und subjektiven Wahrscheinlichkeiten

Über Würfel, Münzen, Kugeln und Ziegen

GRIN Verlag

GRIN - Your knowledge has value

Der GRIN Verlag publiziert seit 1998 wissenschaftliche Arbeiten von Studenten, Hochschullehrern und anderen Akademikern als eBook und gedrucktes Buch. Die Verlagswebsite www.grin.com ist die ideale Plattform zur Veröffentlichung von Hausarbeiten, Abschlussarbeiten, wissenschaftlichen Aufsätzen, Dissertationen und Fachbüchern.

Besuchen Sie uns im Internet:

http://www.grin.com/

http://www.facebook.com/grincom

http://www.twitter.com/grin_com

Hochschule Vechta Juli 1999

Die Hochschule Vechta ist eine wissenschaftliche Hochschule
des Landes Niedersachsen mit Universitätsstatus

Mathematik

Seminar: „Ausgewählte Beispiele aus der Geschichte und
Grundlagendiskussion der Mathematik"

Objektive und subjektive Wahrscheinlichkeiten
Über Würfel, Münzen, Kugeln und Ziegen

Hausarbeit zur Erlangung einer Erfolgsbescheinigung

G. Stäbe
4. Semester

Coverbild: pixabay.com

Inhaltsverzeichnis

1. Zur geschichtlichen Entwicklung der Wahrscheinlichkeitsrechnung - Ein kurzer Überblick, wichtige Namen, ein Teilungsproblem und seine Lösung

Schon der Urmensch in prähistorischer Zeit muss sich mit einfachen Formen des Zählens und ersten mathematischen Fragestellungen auseinandergesetzt haben. Wie viele Speere waren für die nächste Jagd anzufertigen, wie viele Tiere mussten erlegt werden? Die Klärung dieser und ähnlicher Fragen konnte lebenswichtig sein.

Von nachweislich hohem Niveau war im 3. Jahrtausend v. Chr. das mathematische Wissen der alten Ägypter, insbesondere in den Bereichen Arithmetik und Geometrie.

Im Vergleich dazu ist die Wahrscheinlichkeitsrechnung eine recht junge mathematische Disziplin. Ihre Wurzeln liegen im Frankreich des 16. Jahrhunderts. Dort waren Glücksspiele, vor allem Würfelspiele, sehr in Mode. *Geronimo Cardano* (1501-1576) veröffentlichte zum Thema Würfelspielprobleme ein Buch namens „Liber de ludo aleae".[1]

1654 tauschten sich *Blaise Pascal* (1623-1662) und *Pierre de Fermat* (1601-1665), die von vielen Historikern als Begründer der Wahrscheinlichkeitsrechnung gesehen werden, in einem Briefwechsel über Fragen zur mathematischen Behandlung von Glücksspielen aus.[2]

Ausgangspunkt der Fragenstellungen waren so genannte Teilungsprobleme: Wie soll der Einsatz eines mehrsätzigen Glücksspieles gerecht aufgeteilt werden, wenn das Spiel vorzeitig abgebrochen wird?

Ein Beispiel: *Zwei Spieler, A und B, würfeln um die Wette. In jeder Runde würfelt jeder Spieler einmal, der jeweils höhere Wurf bringt einen Punkt ein. Den Gewinneinsatz erhält, wer als erstes 5 Punkte erreicht. Als Spieler A 4 Punkte und Spieler B 3 Punkte hat, wird das Spiel vorzeitig abgebrochen. Wie soll nun der Einsatz (anteilig) gerecht aufgeteilt werden?*[3]

Berühmte Mathematiker vor Pascal meinten fälschlicherweise, Spieler A stün-

---

[1] vgl. Hinderer, S. 18
[2] vgl. Hauser, S. 15 / vgl. Randow, S. 19
[3] vgl. Randow, S. 20

den 2/3 zu, weil A in zwei von drei möglichen Fällen gewinnen kann: entweder beim Stand von 5 zu 3 für A, oder beim Stand von 5 zu für A. Spieler B hingegen hat nur eine einzige Chance auf den Gewinn, nämlich beim Spielstand von 5 zu 4 für B. Daher solle Spieler B 1/3 des Einsatzes bekommen.

Richtig ist hingegen folgende Überlegung: Spieler B hat dann gewonnen, wenn er beim nächsten und zusätzlich beim darauf folgenden Wurf punktet. Die Chance dafür liegt gemäß der Multiplikationsregel bei 1/2 • 1/2, also bei **1/4**. Daher ist es gerecht, wenn Spieler B **1/4** des Einsatzes bekommt. Für Spieler A verbleiben somit **3/4** des Gewinns.[4]

Natürlich kann man auch von Spieler A ausgehend diese Aufteilung begründen: Gewinnt A beim nächsten Wurf, hätte A das gesamte Spiel gewonnen. Die Chance dafür liegt bei **1/2**. A gewinnt aber auch dann, wenn B zunächst ausgleicht (Spielstand 4 zu 4) und A dann den nächsten Punkt macht. Für diesen Ausgang gilt die Wahrscheinlichkeit 1/2 • 1/2, also **1/4**, und beide Wahrscheinlichkeiten addiert ergeben **3/4**. Blaise Pascal erkannte die mathematisch korrekten Lösungswege für derartige Teilungsprobleme.[5]

Auch der Holländer *Christiaan Huygens*, der von dem Briefwechsel zwischen Pascal und Fermat wusste, über seinen Inhalt aber wenig Konkretes in Erfahrung bringen konnte, fand unabhängig von Pascal eine Lösungsmethode für die Teilungsproblematik und veröffentlichte im Jahre 1657 sein Buch „De ratiociniis in ludo aleae".[6] Der Autor HINDERER bezeichnet diese Veröffentlichung als das vielleicht erste Buch über Wahrscheinlichkeitsrechnung[7], während RICHTER im vom Niederländer *Jakob Bernoulli* (1654-1705, ⟶ Das schwache Gesetz der großen Zahl) verfassten Werk „Ars conjectandi" das erste Lehrbuch zur Wahrscheinlichkeitsrechnung sieht.[8]

Ein weiteres, bedeutsames Werk zur Wahrscheinlichkeitsrechnung mit dem Titel „The doctrin of chances" (1718) publizierte der Gelehrte *Abraham de Moivre* (1667-1754, ⟶ Sonderfall des zentralen Grenzwertsatzes).[9]

---

[4] vgl. Randow, S. 20. Zur Multiplikationsregel bei (unabhängigen) Ereignissen siehe Richter, S. 28.
[5] vgl. Hauser, S. 15 / vgl. Hinderer, S. 19. Zur Additionsregel siehe Richter, S. 51.
[6] vgl. Hinderer, S. 19
[7] vgl. Hinderer, S. 19
[8] vgl. Richter, S. 13
[9] vgl. Hinderer, S. 19

Pierre Simon de Laplace (1749-1827) brachte die Entwicklung der Wahrscheinlichkeitsrechnung durch sein Lehrbuch „Théorie analytique des probabilités" (1812) wesentlich voran. Man begann damit, Theorien und Ideen aus der Wahrscheinlichkeitsrechnung auch auf Wirtschafts- und Sozialbereiche sowie auf Felder der Physik und der Biologie zu übertragen.[10]

Noch in den ersten drei Jahrzehnten des 20. Jahrhunderts standen die meisten Mathematiker der Wahrscheinlichkeitsrechnung skeptisch gegenüber, es fehlte ein „mathematisch exaktes und genügend inhaltsreiches Begriffssystem".[11] Eine größere Anerkennung erfuhr die Wahrscheinlichkeitsrechnung schließlich durch die Axiome von Kolmogorow[12] (siehe Gliederungspunkt 2.4).

2. Was bedeutet Wahrscheinlichkeit?

Obwohl uns der Begriff „Wahrscheinlichkeit" allen geläufig scheint, ist es nicht unbedingt einfach, diesen Begriff aus dem Stegreif zu erklären, ohne dabei auf das abgeleitete Wort „wahrscheinlich" zurückzugreifen.

2.1 Zur lexikalischen Deutung

Der Brockhaus umschreibt die Wahrscheinlichkeit als „ein Grad für das Maß der Möglichkeit noch unverwirklichter Ereignisse".[13]

Obwohl das Lexikon im Rahmen seiner Umschreibung der Wahrscheinlichkeit auf das Wort „Maß" zurückgreift, werden Wahrscheinlichkeiten grundsätzlich ohne Maß*einheiten* angegeben. Bezifferte Angaben zur Wahrscheinlichkeit sind also keine mathematischen Größen im eigentlichen Sinne.[14] Eine Münze sei 10 *Gramm* schwer, habe einen Durchmesser von 2 *Zentimetern*, und reiche für den Kauf von 0,33 *Litern* Wasser aus, das innerhalb von 2 *Minuten* aufgetrunken wird. Aber die Wahrscheinlichkeit, dass diese Münze bei einem Wurf auf der Wappenseite liegen bleibt, beträgt 1/2 - ohne Maßeinheit! Als ei-

---

[10] vgl. Hinderer, S. 19
[11] Hinderer, S. 20
[12] vgl. Hinderer, S. 20. „Kolmogorow" wird auch in den Schreibungen Kolmogoroff oder Kolmogorov realisiert.
[13] vgl. Brockhaus, S. 791
[14] Eine Größe besteht aus einer Zahl in Verbindung mit einer Maßeinheit, z.B. „2 km". Synonym wird auch der Begriff „benannte Zahl" verwendet.

ne Art Behelf für eine fehlende Maßeinheit könnte das Ausdrücken von Wahrscheinlichkeiten in Prozent verstanden werden. „Die Chance, bei einem Münzwurf Wappen zu erhalten, liegt bei 50%". Sprachlich erscheint diese Formulierung möglicherweise exakter, mathematisch gesehen wurde aber die Wahrscheinlichkeit 1/2 lediglich mit dem Faktor 100 multipliziert und dieser neue Wert durch ein Prozentzeichen (Prozent = pro Hundert) markiert. Im Prinzip stellt die Angabe 50% also einen ungekürzten Bruch dar, nämlich 50/100.

2.2 Zur Definition der Wahrscheinlichkeit nach Laplace

Die klassische Definition, die „Urformel" für Wahrscheinlichkeitsberechnung, ist die Darstellung nach Laplace:[15]

$$P(A) = \frac{N_A}{N}$$

P ... steht für die Wahrscheinlichkeit (probability). Häufig wird der Buchstabe P alternativ als Minuskel geschrieben (p).

A ... ist das Ereignis, nach dem gefragt wird (z.B. *Ereignis „Wappen" bei einem einmaligen Münzwurf*).

P(A) ... ist die Wahrscheinlichkeit von A, also die Wahrscheinlichkeit, mit der A eintritt (z.B. *Wie groß ist die Wahrscheinlichkeit vom Ergebnis „Wappen" bei einem einmaligen Münzwurf?*).

N_A ... ist die Anzahl der Ergebnisse mit der Ereignisqualität A (z.B. *Wie viele Möglichkeiten gibt es, bei einem einmaligen Münzwurf „Wappen" zu erhalten?* ⟶ *1, denn es existiert nur eine einzige Wappenseite*).

N ... ist die Anzahl aller Ergebnisse, unter denen N_A gesucht wird (z.B. *Wie viele verschiedene Ergebnisse können bei einem einmaligen Münzwurf überhaupt auftreten?* ⟶ *2, denn es gibt genau eine Wappenseite und eine Zahlseite*).[16]

Die Wahrscheinlichkeit, bei einem einmaligen Münzwurf das Ergebnis „Wappen" zu erhalten, wird nach Laplace mit einem Wert von 1/2 berechnet:

$$P \text{ (Wappen)} = \frac{N_A}{N} = \frac{\text{Anzahl der für „Wappen" günstigen Ergebnisse}}{\text{Anzahl aller möglichen Ergebnisse}} = \frac{1}{2}$$

---

[15] vgl. Richter, S. 14 f. / vgl. Randow, S. 15
[16] vgl. Randow, S. 15. Seine Erläuterungen zur Laplace'schen Formel sind jedoch oben teilweise in einer abgewandelten Interpretation dargelegt.

Die Wahrscheinlichkeit für das Ereignis A, z.B. für das Auftreten von Wappen bei einem einmaligen Münzwurf, ergibt sich aus der Anzahl aller günstigen Ereignisse im Verhältnis zu allen möglichen Ereignissen.

Was hier mit dem Großbuchstaben N bezeichnet ist, wird in der Literatur auch Ergebnismenge, sicheres Ereignis, Grundmenge[17], Universum[18] oder Merkmalraum[19] genannt und durch ein „kleines" n oder ein Ω (Omega) ersetzt.[20]

Das ausgeschlossene Ereignis (auch: unmögliches Ereignis), z.B. das Werfen der Zahl Sieben bei einem klassischen Würfel mit sechs Flächen, auf denen die Zahlen von eins bis sechs aufgedruckt sind, wird durch das Zeichen für die leere Menge ($\emptyset$) ausgedrückt.

So ist auch die Wahrscheinlichkeit, aus einer Urne mit zehn weißen und zehn schwarzen Kugeln bei der ersten Ziehung eine weiße Kugel zu erwischen, mit 1/2 anzugeben, da es zehnmal das günstige Ereignis gibt (zehn weiße Kugeln) und insgesamt aus einer Menge von zwanzig Kugeln gezogen wird. 10/20 ist gekürzt 1/2.

Ist ein Umkehrschluss möglich? Eine Urne enthalte z.B. 20 Kugeln, weiße und schwarze, und die Wahrscheinlichkeit, bei einem einmaligen Zug eine weiße Kugel zu erwischen, liege bei 1/2. Ließe sich dann sagen, die Urne müsse genau zehn weiße und zehn schwarze Kugel enthalten? Der Mathematiker H.-J. Bentz erläutert, dass dies nicht gesagt werden kann:

Man stelle sich vor, in die noch leere Urne werden 20 Kugeln mittels einer Zufallsmaschine gefüllt, wobei schwarze und weiße Kugeln mit gleich großer Wahrscheinlichkeit (jeweils 50%) in die Urne fallen. Die Wahrscheinlichkeit, aus dieser Urne (in die man nicht hinein sehen kann) eine weiße Kugel zu ziehen, läge dann bei 1/2, da man nur durch die Verteilungsweise der Zufallsmaschine eine Aussage über die wahrscheinliche Kugelzusammenstellung in der Urne zur Verfügung hat. Der Zufall lässt aber ebenso die Möglichkeit offen, dass die Urne mehr schwarze oder mehr weiße Kugeln enthält oder im Extremfall ausschließlich mit weißen oder ausschließlich mit schwarzen Kugeln

---

[17] Richter, S. 11
[18] Kriz, S. 13
[19] Hinderer, S. 4
[20] vgl. Richter, S. 22

bestückt wurde![21] Wäre die Urne transparent, könne man die Wahrscheinlichkeit für den konkreten Fall genau berechnen. Ohne dieses Wissen kann der Wahrscheinlichkeit, eine weiße oder eine schwarze Kugel zu ziehen, kein anderer Wert als 1/2 zugeschrieben werden.

Von besonderer Wichtigkeit ist der Hinweis, dass die Laplace'sche Definition nur gültig ist, falls gleich wahrscheinliche Ereignisse vorliegen.[22] Die Formel von Laplace eignet sich z.B. nicht direkt als Instrument zur Wettervorhersage. Es sei ein sonniger Tag ohne Wolken am Himmel, von Wind keine Spur, Luftfeuchtigkeit 0 %. Wie groß ist dann die Wahrscheinlichkeit, dass es in etwa 30 Minuten regnet?

$$P \text{ (Regen)} = \frac{N_A}{N} = \frac{1}{2} \qquad \text{mit } N_A = 1 \text{ (das günstiges Ereignis „Regen")}$$

mit $N_A = 1$ (das günstiges Ereignis „Regen")
und $N = 2$ (zwei mögliche Ereignisse, „Regen" und „kein Regen")

Wer dieser Berechnung traut, sollte im Hochsommer niemals ohne Winterstiefel und Rentierpullover vor die Tür gehen.

2.3 Zur statistischen Definition

Eine weitere Definition des Wahrscheinlichkeitsbegriffes stammt aus der Empirie, welche die Wahrscheinlichkeit als den „Grenzwert der relativen Häufigkeiten" bezeichnet:[23] Es sei bei einem 50maligen Münzwurf 20mal die Wappen- und 30mal die Zahlseite oben liegen geblieben. Die absolute Häufigkeit für das Ereignis Wappen läge dann bei 20. Wird dieses Verhältnis in Relation zur Anzahl aller Würfe gesetzt, spricht man von der relativen Häufigkeit.[24] Im gegebenen Beispiel beträgt die relative Häufigkeit von Wappen 20/50, also 2/5.

Der Grenzwert der relativen Häufigkeiten ist nun der Wert, der sich als relative Häufigkeit ergäbe, wenn das Münzwerfen (oder allg.: das Zufallsexperiment) unendlich viele Male durchgeführt würde. Statistische Erfahrungen zeigen,

---

[21] vgl. Randow, S. 17
[22] vgl. Richter, S. 15
[23] vgl. Hinderer, S. 5
[24] vgl. Richter, S. 36 f.

dass sich relative Häufigkeiten nach hineichend vielen Versuchsreihen bei einem konstanten Wert einpegeln.[25] Der Grenzwert der relativen Häufigkeiten für das Ereignis Wappen liegt bei einer „idealen Münze"[26] bei 1/2, sowohl gemäß Laplace als auch nach folgender Definition der statistischen Wahrscheinlichkeit.

$$P\,(A)\;=\lim_{n\to\infty} h_n\,(A)$$ [27]

mit: A ist das Ereignis, nach dem gefragt wird.
P (A) ist die Wahrscheinlichkeit von A.
h_n steht für die relative Häufigkeit von A.
n strebt gegen unendlich, d.h. das Zufallsexperiment wird (theoretisch) unendlich viele Male durchgeführt.

In der Praxis lassen sich Häufigkeiten durch das Dokumentieren von Ergebnissen ermitteln, z.b. in Form von Strichlisten.[28] So beruhen z.b. die Mendelschen Gesetze aus der Biologie (Vererbungslehre) auf statistischen Ergebnissen und der Berechnung von relativen Häufigkeiten.[29] Gregor J. Mendel (1822-1884) kreuzte u.a. Erbsen, die sich in zwei Merkmalen unterschieden. Das Prinzip dieses Erbgangs mit zwei Merkmalspaaren sei im Folgenden am Beispiel eines Hundepärchens illustriert:

Gegeben sind zwei Hunde, die in ihrem äußeren Erscheinungsbild (Phänotyp) hinsichtlich zweier Merkmale gleich aussehen: Beide haben ein graues Fell und sind klein. Aus dem Stammbaum der Tiere geht hervor, dass beide Tiere nicht reinerbig, sondern mischerbig sind; sie besitzen sowohl dominante Gene, nämlich das Gen <GRAU> und das Gen <KLEIN>, aber gleichzeitig auch versteckte Gene hinsichtlich Fellfarbe und Körpergröße, nämlich das versteckte Gen <schwarz> und das versteckte Gen <groß>. Heute wissen wir, dass die dominanten Gene das äußere Erscheinungsbild bestimmen, während die versteckten Gene zunächst nur im Erbbild (Genotyp) schlummern.[30]

Mendel fand nach vielen Kreuzungen heraus, dass sich aus mischerbigen Geschlechtszellen Abkömmlinge entwickelten, die im Phänotyp statistisch in ei-

---

[25] vgl. Richter, S. 20 f.
[26] Eine „ideale Münze" gibt es nur in der Theorie!
[27] vgl. Richter, S. 21 / Randow, S. 16
[28] vgl. Hinderer, S. 5
[29] vgl. Hoff u.a., S. 296
[30] Zur tiefer gehenden Ergründung dieser Thematik und zur Frage, in wieweit sich Mendels Entdeckungen auf die Tierwelt übertragen lassen, möge man spezialisierte Fachliteratur zur Vererbungslehre konsultieren.

nem Verhältnis von 9 zu 3 zu 3 zu 1 auftraten.[31] Die Wahrscheinlichkeit, unter den beschriebenen Bedingungen einen großen schwarzen Hund zu erhalten, kann nun mit 1/16 angegeben werden, die Wahrscheinlichkeit für einen kleinen und gleichzeitig grauen Hund stellt sich als neunmal höher heraus.

Abb.1: Dihybrider Erbgang bei mischerbigen Genen

Elterntiere:	♀	♂
Gene:	<GRAU> <schwarz> <KLEIN> <groß>	<GRAU> <schwarz> <KLEIN> <groß>

Abkömmlinge:
(statistisches
Verhältnis des
Phänotyps)

Bildquelle: eigene Anfertigung

Bei der Bildung von Geschlechtszellen der Elterntiere treten hinsichtlich Farbe und Körpergröße vier verschiedene Genkombinationen auf, <KLEIN/GRAU>, <KLEIN/schwarz>, <groß/GRAU> und <groß/schwarz>. Jeweils zwei Geschlechtszellen pro Merkmal werden bei der Entstehung eines jeden Abkömmlings neu kombiniert. Mit diesem Hintergrundwissen lässt sich Mendels statistische Entdeckung auch tabellarisch erklären, da ein simples Modell aus der Kombinatorik vorliegt.

Geschlechtszellen	KLEIN/GRAU	KLEIN/schwarz	groß/GRAU	groß/schwarz
KLEIN/GRAU	KLEIN/KLEIN GRAU/GRAU	KLEIN/KLEIN GRAU/schwarz	KLEIN/groß GRAU/GRAU	KLEIN/groß GRAU/schwarz
KLEIN/schwarz	KLEIN/KLEIN GRAU/schwarz	KLEIN/KLEIN schwarz/schwarz	KLEIN/groß GRAU/schwarz	KLEIN/groß schwarz/schwarz
groß/GRAU	KLEIN/groß GRAU/GRAU	KLEIN/groß GRAU/schwarz	groß/groß GRAU/GRAU	groß/groß GRAU/schwarz
groß/schwarz	KLEIN/groß GRAU/schwarz	KLEIN/groß schwarz/schwarz	groß/groß GRAU/schwarz	groß/groß schwarz/schwarz

---

[31] vgl. Hoff u.a., S. 296

9

2.4 Zur axiomatischen Definition

Die Grundlagen von wahrscheinlichkeitstheoretischen Untersuchungen beruhen auf der Aufstellung eines Begriffssystems von 1933, dass auf Andrej N. Kolmogorow zurückgeht.[32] Die Axiome von Kolmogorow lauten:

1. Jedem Ereignis A wird eine Zahl P(A), seine Wahrscheinlichkeit, zugeordnet, wobei $0 \leq P(A) \leq 1$.

2. P (S) = 1 (d.h. die Wahrscheinlichkeit des „sicheren Ereignisses" ist 1).

3. Schließen sich die Ereignisse A_1, A_2, ... A_n gegenseitig aus, dann ist die Wahrscheinlichkeit, dass entweder A_1 oder A_2 oder ... A_n eintritt, gleich der Summe der Einzelwahrscheinlichkeiten.[33]

Axiome stellen Grundsätze bzw. Folgerungen oder auch Prinzipien dar. Warum lassen sich dann die Axiome von Kolmogorow als eine Definition der Wahrscheinlichkeit bezeichnen? Wie lässt sich die Wahrscheinlichkeit des Ereignisses „Wappen" beim einmaligen Münzwurf durch die vorliegenden Axiome ermitteln? RICHTER weist auf einen zunächst bedenklich erscheinenden Umstand hin: Durch die Axiome alleine „wird zu gegebenem S und *A* das Wahrscheinlichkeitsmaß P nicht eindeutig festgelegt",[34] und HINDERER charakterisiert die Axiome als „einfach" und „allgemein".[35]

Den Status einer Definition scheinen die Axiome durch ihre „universelle Anwendbarkeit"[36] zu verdienen, und weil sich aus ihnen diverse Folgerungen bzw. Gleichungen zu komplexeren Fragen der Wahrscheinlichkeitsberechnung ableiten lassen. Unter anderem ergibt sich der wichtige Additionssatz, mit dessen Hilfe die Wahrscheinlichkeit berechnet werden kann, dass das Ereignis A oder das Ereignis B eintritt.

$$P (A \cup B) = P (A) + P (B) - P (A \cap B) \quad \textit{für beliebige A, B} \in A.$$ [37]

---

[32] vgl. Hinderer, S. 20

[33] vgl. Brockhaus, S. 791. Das Lexikon wird hier als Literaturquelle genutzt, weil es im Vergleich zu vielen mathematischen Fachbüchern eine Ausdrucksweise verwendet, die einem breiteren Publikum zugänglich ist.

[34] Richter, S. 22 (Hervorhebung im Original nicht vorhanden)

[35] Kriz, S. 20

[36] Richter, S. 22

[37] Dabei müssen sich die Ereignisse A und B nicht gegenseitig ausschließen. *A* ist eine Mengenalgebra. Für einen ausführlicheren Exkurs siehe z.B. Richter, S. 22-25.

3. Was bedeutet „objektive" Wahrscheinlichkeit?

Wahrscheinlichkeiten, die sich berechnen lassen, werden als „objektive Wahrscheinlichkeiten" bezeichnet.[38] Bei der Ermittlung von objektiven Wahrscheinlichkeiten wird auf mathematische Modelle und auf die zuvor aufgeführten Definitionen zurückgegriffen.

Eine Wahrscheinlichkeit gilt als *objektiv a-priori*, falls sie sich logisch, mathematisch, physikalisch und/oder nach Laplace numerisch bestimmen lässt.[39] Die Wahrscheinlichkeit des Ereignisses „Augenzahl 5" beim einmaligen Wurf eines idealen Würfels lässt sich objektiv a-priori mit 1/6 angeben (⟶ Laplace). Es handelt sich um Wahrscheinlichkeiten, die im Voraus ermittelt werden können, also bevor Zufallsexperimente bzw. Versuchsreihen durchgeführt werden.

Davon zu unterscheiden sind Wahrscheinlichkeiten, die als *objektiv a-posteriori* bezeichnet werden. Man spricht auch von „statistischen Wahrscheinlichkeiten."[40] Es sind Wahrscheinlichkeiten, die erst im Anschluss an eine durchgeführte Versuchsreihe, also nach der Beendigung eines Zufallsexperiments, festgelegt werden, nachdem Auswertungen von Strichlisten oder Statistiken vorliegen. Die Wahrscheinlichkeit des Ereignisses „Augenzahl 5" beim einmaligen Wurf eines gezinkten Würfels könnte sich nach langen Versuchreihen z.B. mit einem Wert von 217/971 herausstellen (⟶ relative Häufigkeit bzw. der Grenzwert der relativen Häufigkeiten).

4. Was bedeutet „subjektive" Wahrscheinlichkeit?

Objektivität im Kontext der Wahrscheinlichkeitsrechnung geht immer dann verloren, wenn „von idealen Objekten auf reale geschlossen wird."[41] Es gibt in der Realität keinen idealen Würfel, dessen benachbarte Flächen in einem exakten rechten Winkel zueinander stehen und dessen Kanten alle exakt gleich lang sind. Dennoch zeigt die Empirie, dass die relative Häufigkeit bei vielen Würfen

---

[38] vgl. Kriz, S. 99
[39] vgl. Brockhaus, S. 791. Siehe hierzu auch Randow, S. 172, Glossarbegriff „A-Priori-Wahrscheinlichkeit"
[40] vgl. Brockhaus, S. 791
[41] Kriz, S. 12

für jede Augenzahl bei 1/6 liegt. Die Anwendung der Wahrscheinlichkeitstheorie in der realen Welt ist nicht ohne weiteres gültig, aber zumindest brauchbar[42], oder, wie es der Physiker Richard Feymann (1918-1988) ausdrückte: „Die Theorie der Wahrscheinlichkeit ist ein System, das uns beim Raten hilft."[43] Lassen sich dann nicht alle Wahrscheinlichkeiten aus der Lebenswirklichkeit mit dem Attribut „subjektiv" in Verbindung bringen?

Die Beantwortung dieser Frage ist nicht zwingend notwendig, um den Begriff „subjektive Wahrscheinlichkeit" zu bestimmen. Auf den folgenden Seiten wird der Begriff „subjektive Wahrscheinlichkeit" mit Verweis auf HINDERER als „intuitiver Hintergrund des [...] Wahrscheinlichkeitsbegriffs"[44] verstanden und gemäß der Umschreibung von KRIZ benutzt: „Unter subjektiven Wahrscheinlichkeiten versteht man [...] die Wahrscheinlichkeit, die ein Individuum dem Eintreten eines ganz bestimmten Ereignisses oder einer Sequenz von Ereignissen gibt, für die eine objektive Wahrscheinlichkeit [...] existiert."[45]

Im Unterschied zu objektiven Wahrscheinlichkeiten, geschieht die Beimessung von subjektiven Wahrscheinlichkeiten nicht aufgrund mathematischer Berechnungen, sondern beruht auf Erfahrungen, Intuition und spontanen Überlegungen bzw. Einschätzungen.[46]

5. Betrachten von ausgewählten Aufgabenstellungen zu subjektiven Wahrscheinlichkeiten

Im diesem Gliederungspunkt finden sich Fragen und Antworten zu wahrscheinlichkeitstheoretischen und wahrscheinlichkeitspraktischen Modellen.
Aufgezeigt werden soll, dass spontanen Wahrscheinlichkeitszuschreibungen bzw. subjektive Einschätzungen, die begründet und nachvollziehbar erscheinen, einer objektiven Überprüfung nicht immer standhalten können. Subjektive und objektive Wahrscheinlichkeiten können stark voneinander abweichen.

---

[42] vgl. Kriz, S. 11
[43] Randow, S. 14 (Hervorhebung im Original nicht vorhanden)
[44] vgl. Hinderer, S. 3
[45] Kriz, S. 14
[46] vgl. Brockhaus, S. 791. Wichtige Vorarbeit für die gegenwärtige Auseinandersetzung mit der Kategorie der „subjektiven Wahrscheinlichkeiten" leisteten D. Humes (1711-1776) und M. J. Savage (1872-1940).

5.1 Ziehen aus einer Urne

Aufgabe: In einer Urne befinden sich neun weiße Kugeln und eine schwarze. Zehn Personen sollen dieser Urne nacheinander immer eine Kugel entnehmen, die Reihenfolge wird vorab festgelegt. Wer die schwarze Kugel erwischt, verliert. Hat der erste „Zieher" die beste Chance, die schwarze Kugel nicht zu ziehen?[47]

Mögliche, spontane Überlegung: Wer zuerst zieht, hat die größte Chance, die schwarze Kugel *nicht* zu ziehen, denn er zieht aus der größten Anzahl von Kugeln insgesamt. Mit einer hohen subjektiven Wahrscheinlichkeit hat die erste Person die beste Gewinnaussicht.

Objektive Lösung: Es handelt sich hier um eine Aufgabe aus dem Bereich der so genannten bedingten Wahrscheinlichkeiten. Ein Baumdiagramm dient zur Veranschaulichung. Bei genauer Betrachtung stellt man fest, dass es vollkommen egal ist, wer als erstes und wer danach zieht. Die objektive Wahrscheinlichkeit für den ersten Zieher zu verlieren liegt bei 1/10, die des zweiten bei 9/10 • 1/9 (=1/10), die des dritten bei 9/10 • 8/9 • 1/8 (=1/10), die des vierten... Es ist irrelevant, wer zuerst zieht. Die Wahrscheinlichkeit bleibt stets bei 1/10. Andererseits kann gesagt werden: Ist die schwarze Kugel nach neunmaligem Ziehen immer noch nicht aufgetaucht, so ist es zu 100% sicher, dass der Letzte sie zieht. Je länger sich das Auftauchen der schwarzen Kugel hinauszögert, desto größer wird die Wahrscheinlichkeit, dass man sie erwischt.

Abb. 2: Baumdiagramm „Kugel ziehen"
Entlang der Pfade wird multipliziert.

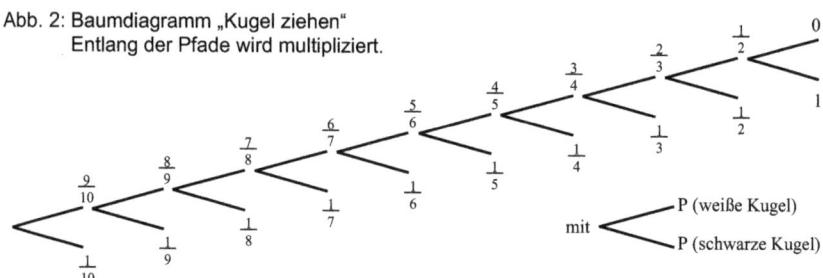

[47] Die Aufgabenstellung entstand durch Anregungen im Rahmen des Mathematikstudiums. Eine sehr ähnliche Aufgabe findet sich zudem bei Randow, S. 67.

Variante: Was ist, wenn eine elfte Person die Urne nimmt und sie ruckartig hochreißt, so dass alle zehn Kugeln in die Luft fliegen? Die zehn Personen aus der vorherigen Aufgabenstellung erweisen sich als äußerst geschickt, denn jeder fängt mit geschlossenen Augen (!) genau eine Kugel auf. Wer hat nun die größte Chance, die schwarze Kugel zu erwischen? Die objektive Wahrscheinlichkeit ändert sich im Vergleich zur vorherigen Aufgabe nicht, wieder liegt für ausnahmslos alle Personen die Wahrscheinlichkeit dafür, die schwarze Kugel zu bekommen, bei 1/10. Aber ändert sich die subjektive Wahrscheinlichkeit? Ist es hier nicht offensichtlicher, dass jede Person die gleiche Chance hat?

5.2 Fußballspiel

Aufgabe: Die Fußballmannschaft A soll drei Spiele bestreiten. Sie bekommt den Pokal, wenn sie zweimal direkt hintereinander gewinnt. Als Gegner treten die Mannschaften B und C an, wobei C das stärkere Team ist. A muss immer abwechselnd gegen B bzw. C spielen. Welche Reihenfolge im Hinblick auf die Gegner ist dabei günstiger, B-C-B oder C-B-C? Sollte Mannschaft A als erstes gegen Team B oder als erstes besser gegen Team C antreten?[48]

Mögliche, spontane Überlegung: Zuerst sollte Team A gegen die schlechtere Mannschaft spielen, also gegen Mannschaft B. Auf diese Weise geht man der stärkeren Mannschaft C so oft wie möglich aus dem Weg. Die Reihenfolge B-C-B scheint am erfolgversprechendsten zu sein.

Objektive Lösung: Das Problem lässt sich rechnerisch lösen, ohne dass dafür konkrete Zahlwerte für die Wahrscheinlichkeiten bekannt sein müssen. Die günstigen Ergebnisse für A können am Baumdiagramm ermittelt und ihre Wahrscheinlichkeiten addiert werden.

Weil C besser spielt als B, ergibt sich zunächst für jedes einzelne Spiel gegen A die Relation:

$$P \text{ (B gewinnt)} < P \text{ (C gewinnt)}$$

---

[48] Die Aufgabenstellung entstand durch Anregungen im Rahmen des Mathematikstudiums.

Für die Gewinnmöglichkeit R1 (A gewinnt den Pokal bei der Reihenfolge B-C-B) ergibt sich:

P (R1) = P (B verliert) • P (C verliert) + P (B gewinnt) • P (C verliert) • P (B verliert)

Für die Gewinnmöglichkeit R2 (A gewinnt den Pokal bei der Reihenfolge C-B-C) ergibt sich:

P (R2) = P (C verliert) • P (B verliert) + P (C gewinnt) • P (B verliert) • P (C verliert)

Für die subjektive Annahme P (R1) > P (R2) gilt dann:

P (B verliert) • P (C verliert) + P (B gewinnt) • P (C verliert) • P (B verliert)
>
P (C verliert) • P (B verliert) + P (C gewinnt) • P (B verliert) • P (C verliert)

Nach geschicktem „Kürzen" der identischen Faktoren (hier gleichartig unterstrichen) entsteht die Relation:

P (B gewinnt) > P (C gewinnt)

Die Aussage dieser Relation steht im Widerspruch zu den Bedingungen in der Aufgabenstellung. Die Annahme P (R1) > P (R2) ist dadurch widerlegt.
Zuerst sollte Team A gegen Mannschaft C spielen. Dann tritt Mannschaft A zwar häufiger gegen den besseren Gegner an, aber das „unwahrscheinlichere Ereignis", nämlich der Sieg über C, kann zweimal zu erreichen versucht werden, was die Wahrscheinlichkeit des Eintretens dieses Ereignisses und auch die Gewinnaussicht auf den Pokal erhöht. P (R2) < P (R1), d.h. die Reihenfolge C-B-C ist am günstigsten für A. Der direkte Nachweis kann analog zur obigen Rechnung erbracht werden.

5.3 Mehrfacher Münzwurf

Eine Münze wird geworfen. Mit einer Wahrscheinlichkeit von 1/2 ist das Ergebnis „Wappen" zu erwarten, Gleiches gilt für das Ergebnis „Zahl". Wie hoch ist die Wahrscheinlichkeit, dass bei vier aufeinander folgenden Würfen genau zweimal „Wappen" vorkommt, oder anders gefragt, dass die Ergebnisse „Wappen" und „Zahl" mit der gleichen Häufigkeit auftreten?[49]

Mögliche, spontane Vermutungen: Die Wahrscheinlichkeit liegt ebenfalls bei 1/2. Auf jeden Fall liegt sie ungefähr bei 1/2. Die objektive Wahrscheinlichkeit beim einmaligen Münzwurf kann auf den vierfachen Wurf übertragen werden.

Objektive Lösung: Die gesuchte Wahrscheinlichkeit beim viermaligen Münzwurf für das Ergebnis „genau zweimal Wappen" liegt weder bei 1/2 noch in unmittelbarer Nähe. Sie beträgt genau 6/16, gekürzt 3/8, dies ist nur ein wenig mehr als 1/3. Die günstigen Ereignisse beim viermaligen Wurf sind durch Unterstreichungen aus der Menge aller möglichen Ergebnisse hervorgehoben:

WWWW, ZWWW, <u>ZZWW</u>, ZWZZ, WWWZ, <u>WWZZ</u>, <u>ZWZW</u>, ZZWZ, WWZW, <u>WZWZ</u>, <u>ZWWZ</u>, ZZZW, WZWW, <u>WZZW</u>, WZZZ, ZZZZ

Wie groß ist nun die Wahrscheinlichkeit, dass beim sechsmaligen Münzwurf eine genau gleichmäßige Verteilung von „Wappen" und „Zahl" auftritt? Folgende 20 Ereignisse mit der Qualität „genau dreimal Wappen" (und somit auch mit der Qualität „genau dreimal Zahl") bilden die Menge der <u>günstigen</u> Ergebnisse:[50]

WWWZZZ	WZWZWZ	ZZZWWW	ZWZWZW
WWZWZZ	WZWZZW	ZZWZWW	ZWZWWZ
WWZZWZ	WZZWWZ	ZZWWZW	ZWWZZW
WWZZZW	WZZWZW	ZZWWWZ	ZWZWZW
WZWWZZ	WZZZWW	ZWZZWW	ZWWWZZ

Die Anzahl <u>aller</u> möglichen Ergebnisse beläuft sich auf 64 (2^6), und die Wahrscheinlichkeit für „genau dreimal Wappen" beim sechsfachen Münzwurf beträgt nach Laplace somit 20/64, gekürzt 5/16. Das ist schon weniger als 1/3! Beim achtmaligen Münzwurf liegt die Wahrscheinlichkeit für „genau viermal Wappen" nur noch bei 15/64 (60/256), also bereits bei weniger als 1/4.

Je öfter man die Münze wirft, desto geringer wird die Wahrscheinlichkeit für eine exakt (!) gleichmäßige Aufteilung von „Wappen" und „Zahl". Das ist mehr

---

[49] Die Aufgabenstellung findet sich in ähnlicher Form bei Randow, S. 95.
[50] vgl. Randow, S. 95. Vier der 20 möglichen Ergebnisse werden bei Randow übrigens unterschlagen.

als verwunderlich, oder nicht? Denn wird die Münze unendlich oft geworfen, müsste doch gemäß des „Grenzwertes der relativen Häufigkeiten" (vgl. 2.3) eine gleichmäßige Verteilung der Ergebnisse „Wappen" und „Zahl" zu erwarten sein. Wie könnte sonst als statistische Wahrscheinlichkeit für „Wappen" bzw. „Zahl" beim einmaligen Münzwurf der Wert 1/2 angegeben werden?

5.4 Lotto „6 aus 49"

Aus Statistiken geht hervor, das gewisse Zahlen von Lottospielern bevorzugt oder benachteiligt werden, was das Tippverhalten angeht.

Großer Beliebtheit erfreut sich beispielsweise die Zahl 19. Denn viele Lottospieler kreuzen offenbar Zahlen an, aus denen sich das eigene Geburtsdatum oder die Geburtsdaten von Familienmitgliedern und Freunden zusammensetzen, und die Zahl 19 markiert hierbei das Geburtsjahrhundert. Auch die Zahlen 4 und 9 werden relativ häufig angekreuzt. „Unbeliebt" sind z.B. die Zahlen 16, 40 und 41 und generell Zahlen, die am Kästchenrand liegen.[51]

Welches der folgenden drei Kästchen hat wohl die größte Aussicht auf drei Richtige? Und auf sechs Richtige?

Abb. 3: Lottofelder „6 aus 49"

Feld 1

1	2	3	4	5	6	7
8	9	10	11	12	13	14
15	16	~~17~~	~~18~~	~~19~~	20	21
22	23	24	~~25~~	26	27	28
29	30	31	~~32~~	33	34	35
36	37	38	~~39~~	40	41	42
43	44	45	46	47	48	49

Feld 2

1	2	3	4	5	6	7
8	9	10	11	12	13	14
15	16	17	18	19	20	21
~~22~~	~~23~~	~~24~~	~~25~~	~~26~~	~~27~~	28
29	30	31	32	33	34	35
36	37	38	39	40	41	42
43	44	45	46	47	48	49

Feld 3

1	2	3	4	5	6	7
8	~~9~~	10	11	12	~~13~~	14
15	16	17	~~18~~	19	20	21
22	~~23~~	24	25	26	27	28
29	30	31	32	33	34	35
36	37	~~38~~	39	40	41	42
43	44	45	46	47	48	~~49~~

Einige Lottospieler mögen dem dritten Feld die größten Gewinnchancen einräumen oder zumindest selber beim Lottospielen auf einen gewissen Abstand zwischen den einzelnen Kreuzen achten. Denn wann sollte es schließlich

---

[51] vgl. Randow, S. 72

schon einmal vorgekommen sein, dass sechs direkt benachbarte Zahlen wie in Feld 2 oder Zahlen in Musterformation wie in Feld 1 gezogen wurden? Objektiv gesehen besitzt jede Anordnung von sechs Kreuzen die gleiche Wahrscheinlichkeit für das Erreichen einer Gewinnklasse. Trotzdem ist es keinesfalls egal, ob man Muster tippt oder Muster vermeidet. Eine Konstellation wie im 3. Feld ist zu bevorzugen. Denn beim Lotto hat man zwei Gegner, den Zufall und die anderen Mitspieler. Der Zufall entscheidet über das Erreichen einer Gewinnklasse, während andere Lottospieler, die (zufällig) die selben Zahlen tippten, für eine Aufteilung der Gewinnsumme verantwortlich sind. Die Freude über fünf Richtige mit Zusatzzahl schwindet, falls mehrere Dutzend andere Spieler die selben Zahlen angekreuzt haben. Ohne auf eine Statistik verweisen zu können, sei die Behauptung aufgestellt, dass mehrere Lottospieler Musteranordnungen für eine originelle Idee halten. Bei RANDOW ist nachzulesen, dass direkt benachbarte Zahlen zwar selten angekreuzt werden, „wohl aber Kombinationen, die irgendwelche Muster ergeben. [...] Wer Lotto spielt und seine potentielle Gewinnquote erhöhen will, sollte seinen Schein entgegen der Gewohnheiten seiner Mitspieler ankreuzen."[52]

Die Gewinnquoten bei der Lottoziehung vom 10. April 1999 dürften also nicht allzu hoch gewesen sein. Skurrile Ziehungen (Muster) gab es im Jahr 1999 übrigens mehrfach...

Samstagslotto vom 10.04.1999: ② ③ ④ ⑤ ⑥... ㉖

Samstagslotto vom 29.05.1999: ①... ⑪ ⑫ ⑬... ㊷ ㊸

Samstagslotto vom 12.06.1999: ⑫ ⑬... ㉔ ㉕... ㊶ ㊷

(Quelle: lokale Tageszeitung)

Der sprichwörtliche „Sechser im Lotto", dessen Wahrscheinlichkeit bei circa 1/14.000.000 liegt[53], ist nebenbei keineswegs mit der Gewinnklasse für den Jackpot gleichzusetzen. Der Jackpot wird unter allen Teilnehmern aufgeteilt, die sowohl sechs Richtige getippt haben als auch die richtige Superzahl vor-

---

[52] Randow, S. 72 (Hervorhebung im Original nicht vorhanden)
[53] vgl. Randow, S. 71

weisen können. Die Superzahl wird aus einer separaten Lostrommel gezogen. Sie muss mit der letzten der zehn Ziffern übereinstimmen, aus denen die Zahl für das „Spiel 77" besteht, welche vorab auf den Schein gedruckt wurde. Die nächstkleinere Gewinnklasse bilden sechs Richtige ohne Superzahl („Der Sechser"), und die dann nächstkleinere Gewinnklasse fünf Richtige mit Zusatzzahl, wobei die Zusatzzahl auf einer siebenten Kugel steht, die im Anschluss an das Ziehen der ersten sechs Kugeln unter den noch verbliebenen 43 Kugeln ermittelt wird.

Ob wohl der „(L-)Otto Normalverbraucher" im vollen Bewusstsein dieser Regeln tippt? Natürlich ist es undenkbar, dass die deutsche Toto- und Lottogesellschaft zwecks Umsatzsteigerung mit Absicht ein kompliziertes Gewinnklassensystem aufgestellt hat, um einerseits das Erfassen der objektiven Gewinnwahrscheinlichkeiten für den Durchschnittsspieler zu erschweren und um dadurch andererseits die Beimessung von hohen, subjektiven Gewinnchancen zu begünstigen. Undenkbar!

5.5 Das Ziegenproblem

Anfang der 90er Jahre wurde in der Zeitschrift *Parade* eine Aufgabenstellung veröffentlicht, die später als das so genannte Ziegenproblem zunächst berüchtigt und dann berühmt werden sollte.

Aufgabe: Im Rahmen einer Spielshow stehen drei Tore zur Auswahl. Hinter einem Tor verbirgt sich ein Auto, hinter den beiden anderen Toren befindet sich jeweils eine Ziege, also eine Niete.[54] Der Kandidat wählt ein beliebiges Tor intuitiv aus, z.B. Tor 1. Um die Spannung zu steigern, lässt der Moderator, der genau weiß, wo das Auto ist, eines der beiden nicht gewählten Tore öffnen, z.B. Tor 2. Der Moderator entlarvt damit bewusst ein Ziegentor und bietet dem Kandidaten nun an, zwischen den beiden ungeöffneten Toren 1 und 3 erneut auszuwählen. Sollte sich der Kandidat umentscheiden?[55]

---

[54] Im Empfangsgebiet des Privatfernsehens müsste man eigentlich vom „Zonk" sprechen.
[55] vgl. Randow, S. 6

Wahrscheinliche, spontane Überlegung: Man muss kein Mathematiker sein, um zu erkennen, dass sich das Auto mit einer Wahrscheinlichkeit von 1/2 hinter Tor 1 und mit einer Wahrscheinlichkeit von ebenfalls 1/2 hinter Tor 2 befindet. Die Chancen sind „fifty-fifty". Es bleibt sich gleich, ob man das Tor wechselt oder nicht. Laplace lässt grüßen.

Die amerikanische Journalistin *Marilyn vos Savant* behauptete etwas anderes. Savant galt in den 90er Jahren als der Mensch mit dem höchsten Intelligenzquotienten. Ihrer Auffassung nach sollte sich der Kandidat in jedem Fall umentscheiden, also das Tor 3 wählen. Denn die Wahrscheinlichkeit, hier auf das Auto zu treffen, sei im Vergleich zu Tor 1 doppelt so hoch.[56]

Der Wissenschafts- und Technikjournalist Gero von RANDOW – fasziniert von dieser Denkaufgabe - stellte das Problem und Savants Behauptung in einem Artikel vor, der in der *Zeit* abgedruckt wurde, und auch der *Spiegel* befasste sich posthum mit Ziegen und Autos.[57]

Die These von Savant wurde von Seiten der Leserschaft zunächst heftigst kritisiert und als Unsinn abgestempelt. Viele Leser, darunter ein großer Teil Akademiker und sogar promovierte Statistiker, beschwerten sich, dass „so etwas" überhaupt ernsthaft aufgegriffen würde.[58]

Aber Marilyn vos Savant sollte mit ihrer These Recht behalten. Es ist definitiv vernünftig, sich umzuentscheiden, also das Alternativtor zu wählen. Die Wahrscheinlichkeit, das Auto zu gewinnen, liegt dann bei 2/3.

Den mathematischen a-priori Beweis dieser These führt RANDOW unter Zuhilfenahme des so genannten „Satzes von Bayes". Weil diese Beweisführung etwas umfangreicher und rechnerisch recht anspruchsvoll ist sowie etlicher Ausdruckserklärungen bedarf, wird in dieser Arbeit auf die Wiedergabe des mathematischen a-priori Beweises verzichtet.[59] Spannender erscheint ein empirischer und argumentativer Überzeugungsversuch.

---

[56] vgl. Randow, S. 6
[57] vgl. Randow, S. 7
[58] vgl. Randow, S. 7
[59] Bei Randow kann der mathematische a-priori Beweis auf Seite 130 eingesehen werden.

5.5.1 Empirischer Beweis

Wer die Behauptung, ein Torwechsel erhöhe die Gewinnaussicht, anzweifelt, kann die Gameshow-Situation durchspielen und dabei eine Statistik (Auto erhalten / Ziege erhalten) führen. Bei ausreichend vielen Versuchen wird sich (a-posteriori) das Verhältnis von 1/3 zu 2/3 einstellen. Wem ein derart stupides Abarbeiten langer Versuchsreihen zu mühsam ist, sollte den Computer zur Hilfe nehmen, sofern er Grundlagen der Informatik beherrscht und dem nachfolgenden Programm in der Programmiersprache BASIC Vertrauen schenkt.

```
10 REM Ziegenproblem
20 PRINT "Moderator darf weder Preis- noch Wahltor öffnen"
30 RANDOMIZE TIMER: REM Zufallsvorbereitung
40 FOR I = 1 TO 10: REM zehn Versuche
50 R = 0: F = 0: REM Die Zähler R und F werden auf null gesetzt
60 FOR J = 1 TO 1000: REM tausend Durchgänge pro Versuch
70 A = INT (3*RND + 1): REM Zufallswahl des Preistores A
80 W1 = INT (3*RND + 1): REM Zufällige Erstwahl W1
90 M = INT (3*RND + 1): REM Moderator will Tor M öffnen
100 IF M = A THEN GOTO 90: REM M darf aber kein Preistor sein
110 IF M = W1 THEN GOTO 90: REM M darf auch nicht das ausgewählte Tor sein
120 W2 = 6 – M – W1: REM W2 wäre das Tor, zu dem nun gewechselt werden kann
130 IF W2 = A THEN R = R + 1: REM Wenn W2 das Preistor ist, verteile einen Punkt für
       "Wechseln ist richtig"
140 IF W1 = A THEN F = F + 1: REM sonst einen Punkt für "Wechseln ist falsch"
150 NEXT J: REM Ende des Durchlaufs
160 PRINT "Wechseln richtig:";R; "Wechseln falsch:";F
170 NEXT I: REM Ende des Versuchs
180 END[60]
```

5.5.2 Erster, argumentativer Beweis

Die Spielregeln werden leicht variiert, ohne dabei die grundlegenden Bedingungen zu verändern: Diesmal stehen 100 Tore zur Auswahl, hinter denen sich ein Auto und ansonsten nur Ziegen befinden. Der Kandidat darf sich wieder ein Tor auswählen, er nimmt zum Beispiel Tor Nr. 38.

---

[60] vgl. Randow, S. 146. Dieses BASIC-Programm kann z.B. von der Software "CCS64" verarbeitet werden.

Der Moderator weiß wie immer, wo das Auto ist. Er öffnet nach dieser vorläufigen Wahl alle Tore, bis nur noch zwei Tore übrig bleiben. Dabei gelten die gleichen Bedingungen wie vorher: Er darf nicht das Tor aussortieren, das den Preis enthält, und er darf auch nicht das Tor öffnen, welches sich der Kandidat ausgesucht hat.

So stehen jetzt wieder zwei Tore zur Auswahl, Tor Nr. 38 (wurde vom Kandidaten ausgesucht) und Tor Nr. 82 (hat der Moderator im Spiel gelassen).

Entweder ist der Preis nun hinter Tor Nr. 38, dann hätte der Kandidat großes Glück gehabt und das Tor tatsächlich auf Anhieb unter insgesamt 100 Toren gefunden. Die Wahrscheinlichkeit dafür liegt bei 1/100. Wenn das Auto aber nicht hinter Tor 38 steht, dann muss der Preis zwangsläufig hinter dem Tor sein, dass sonst noch im Spiel ist – nämlich hinter Tor 82. Wieder stehen nur zwei Tore zur Auswahl. Diesmal liegt es klar auf der Hand, dass das Tor Nr. 82 die bessere Wahl bedeutet. Mit einer Wahrscheinlichkeit von 99/100 ist das Auto hinter Tor 82.[61]

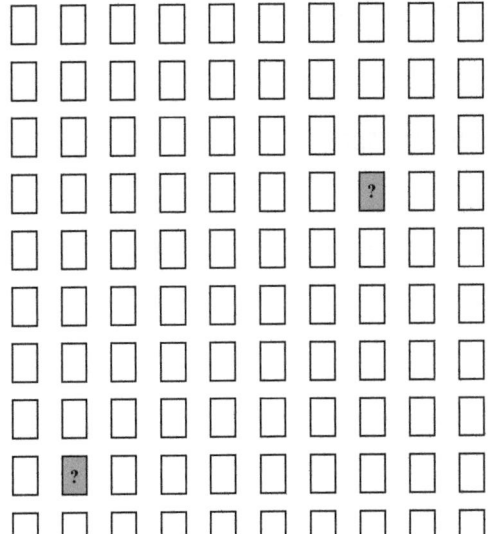

Abb. 4: Das Ziegenproblem (Erweiterung auf 100 Tore)

Befindet sich das Auto hinter Tor 38 oder hinter Tor 82?

---

[61] vgl. Randow, S. 10

5.5.3 Zweiter, argumentativer Beweis

Bei einer anderen Variante des Spiels treten zwei Kandidaten gegeneinander an. Sie bestreiten das Spiel 999mal hintereinander.

Kandidat 1 hat zu Beginn eines jeden Spieles wieder die freie Auswahl unter drei Toren. Er entscheidet sich wie gewohnt immer zufällig für ein Tor. Dieses Tor behält er bis zur Auflösung eines jeden Spieles, er wechselt niemals. Das Tor, das immer übrig bleibt, nachdem der Moderator eines der Ziegentore entfernt hat, bekommt stets der zweite Kandidat. Somit wird das Auto auf jeden Fall ausgelost, einer der beiden Kandidaten gewinnt in jedem Fall.

Weil Kandidat 1 zufällig eines von drei Toren auswählt und weil ein einziges Auto und zwei Ziegen im Spiel sind, liegt die Wahrscheinlichkeit für Kandidat 1, das Auto zu finden, bei 1/3. Es ist davon auszugehen, dass er bei 999 Durchführungen des Spieles statistisch ungefähr 333 Autos gewinnt. Doch was passiert mit den 666 anderen Autos? Sie müssen zwangsläufig Kandidat 2 zufallen, der immer das Alternativtor bekommt und damit doppelt so häufig den Preis gewinnt. In 2/3 aller Spieldurchführungen erweist sich das Alternativtor als die bessere Wahl.[62]

5.5.4 Ein Ziegenproblem mit Fifty-fifty-Spielregel

Bei jedem der oben beschriebenen Spielvarianten weiß der Moderator im Voraus, hinter welchen Toren sich Auto und Ziegen befinden. Nachdem Kandidat 1 ein Tor gewählt hat, entfernt der Moderator nicht willkürlich irgendein Tor, sondern muss beachten, dass er nicht das Autotor entfernt.

Diese Regelung ist entscheidend für die Berechnung der Gewinnwahrscheinlichkeiten und ursächlich für das überraschende Verhältnis von 1/3 zu 2/3. Sie führt dazu, dass im „letzten Teil" des Spieles, wenn also nur noch zwei Tore zur Wahl stehen, keine Gleichverteilung der Wahrscheinlichkeiten vorliegt und die Formel von Laplace (vgl. 2.2) nicht ohne Weiteres gültig ist.

---

[62] vgl. Randow, S. 10

Die Ähnlichkeit zu einer anderen Spielsituation mag verantwortlich dafür sein, dass dem Ziegenproblem subjektiv eine „Fifty-fifty-Wahrscheinlichkeit" beigemessen wird. Diese ähnliche Spielsituation ist keinesfalls eine Variante des eigentlichen Ziegenproblems, sondern weist eine grundlegend abweichende Spielregel auf und könnte folgendermaßen beschrieben werden:

Im Rahmen einer Spielshow stehen drei Tore zur Auswahl. Hinter einem Tor verbirgt sich ein Auto, hinter den beiden anderen Toren befindet sich jeweils eine Ziege. Der Kandidat wählt ein beliebiges Tor intuitiv aus, z.B. Tor 1. Um die Spannung zu steigern, entfernt der Moderator, der selber nicht weiß, wo das Auto ist, willkürlich eines der beiden nicht gewählten Tore, z.B. Tor 2. Tor 2 wird aber nicht geöffnet, es bleibt zunächst ungeklärt, ob sich dahinter das Auto oder eine Ziege befindet. Sollte der Kandidat sich umentscheiden und von Tor 1 auf Tor 3 wechseln?

Jetzt endlich ist die Welt wieder in Ordnung – es ist tatsächlich völlig egal, ob sich der Kandidat umentscheidet oder nicht. Die Gewinnwahrscheinlichkeit ist schlussendlich fifty-fifty.

6. Abschlussbetrachtung

Bei objektiven Untersuchungen von subjektiven Wahrscheinlichkeiten kann es bezüglich der spontanen Einschätzung von Wahrscheinlichkeiten zu verblüffenden Wendungen kommen. Scheinbar simple Fragen der Wahrscheinlichkeitsrechnung werden bei einer genaueren, mathematischen Betrachtung so manches Mal als vielschichtiges Problem entlarvt. Objektive und subjektive Wahrscheinlichkeiten können in einem krassen Gegensatz zueinander stehen. Vielleicht ist dies einer der Hauptgründe, warum insbesondere der Bereich der Wahrscheinlichkeitsrechnung als ein außerordentlich interessantes Themengebiet der Mathematik gesehen werden kann.

Obwohl sich Wahrscheinlichkeiten berechnen lassen, können wir zufällige Ereignisse nicht mit Gewissheit vorhersagen. Würfel, Kugeln und Münzen haben kein Gedächtnis und sehen sich nicht an die Einhaltung von vorab ermittelten

Wahrscheinlichkeiten gebunden. Selbst das Wissen um die korrekte Wahr-scheinlichkeitsverteilung beim „Ziegenproblem" garantiert keine 100%ige Ge-winnchance. Die Redewendung „Ironie des Schicksals" ist wohl recht treffend, wenn es Menschen bar jeglichen Mathematikverständnisses sind, die den Zu-fall scheinbar auszutricksen wissen:

„Der amerikanische Ökonom R. Thaler berichtet von einem Interview mit dem Gewinner der Weihnachtsziehung der spanischen National-Lotterie ‚El Gordo'. Der Gewinner wurde gefragt:

‚Wie haben Sie das gemacht? Woher wussten Sie, welches Los Sie kaufen mussten?'

Der Gewinner antwortete, dass er lange nach einem Verkäufer gesucht habe, der das Los 48 anbot.

‚Warum Nr. 48?', wurde nachgefragt.

‚Na, ich habe sieben Nächte hintereinander von Nummer sieben geträumt, also habe ich sieben mal sieben gerechnet – 48!' "[63]

---

[63] Randow, S. 72 f.

7. Verwendete Literatur

Brockhaus (1974) = Brockhaus-Enzyklopädie in vierundzwanzig Bänden. 19., völlig neu bearbeitete Auflage. Band 19. Mannheim: Brockhaus. Darin: Artikel „Wahrscheinlichkeit", S. 791

Hauser, Walter (1997): Die Wurzeln der Wahrscheinlichkeitsrechnung. Stuttgart: Franz Steiner

Hinderer, Karl (1980): Grundbegriffe der Wahrscheinlichkeitstheorie. Zweiter korrigierter Nachdruck der ersten Auflage. Berlin: Springer

Hoff, Peter / Jaenicke, Joachim / Wolfgang, Miriam (Hrsg., 1995): Biologie heute 2G. Ein Lehr- und Arbeitsbuch für das Gymnasium. Hannover: Schroedel

Kriz, Jürgen (1982): Subjektive Wahrscheinlichkeiten und Entscheidungen. Zur Problematik von Methodenartefakten in der Entscheidungstheorie. Frankfurt am Main: R. G. Fischer

Randow, Gero von (1992): Das Ziegenproblem. Denken in Wahrscheinlichkeiten. Reinbek: Rowohlt

Richter, Gerhard (1994): Stochastik. Hinweise zum Unterricht. Stuttgart: Klett

Coverbild: pixabay.com

BEI GRIN MACHT SICH IHR WISSEN BEZAHLT

- Wir veröffentlichen Ihre Hausarbeit,
  Bachelor- und Masterarbeit

- Ihr eigenes eBook und Buch -
  weltweit in allen wichtigen Shops

- Verdienen Sie an jedem Verkauf

Jetzt bei www.GRIN.com hochladen und kostenlos publizieren